**Bibliografische Information der Deutschen Nationalbibliothek:**

Die Deutsche Bibliothek verzeichnet diese Publikation in der Deutschen National-
bibliografie; detaillierte bibliografische Daten sind im Internet über http://dnb.d-
nb.de/ abrufbar.

**Impressum:**

Copyright © 2013 GRIN Verlag, Open Publishing GmbH
Druck und Bindung: Books on Demand GmbH, Norderstedt Germany
ISBN: 978-3-668-04405-0

**Dieses Buch bei GRIN:**

http://www.grin.com/de/e-book/305370/erste-binomische-formel-eine-stundenaus-
arbeitung

Carina Konstantin

# Erste Binomische Formel. Eine Stundenausarbeitung

GRIN Verlag

**GRIN - Your knowledge has value**

Der GRIN Verlag publiziert seit 1998 wissenschaftliche Arbeiten von Studenten, Hochschullehrern und anderen Akademikern als eBook und gedrucktes Buch. Die Verlagswebsite www.grin.com ist die ideale Plattform zur Veröffentlichung von Hausarbeiten, Abschlussarbeiten, wissenschaftlichen Aufsätzen, Dissertationen und Fachbüchern.

**Besuchen Sie uns im Internet:**

http://www.grin.com/

http://www.facebook.com/grincom

http://www.twitter.com/grin_com

# Inhalt

# 1. Analyse der individuellen und soziokulturellen Voraussetzungen

Die Klasse 8 besteht aus 30 SchülerInnen, davon 16 Jungen und 14 Mädchen. Der Anteil ausländischer Kinder ist mit ca. 45% relativ hoch. Da viele dieser Kinder aber schon seit ihrer frühen Kindheit in Deutschland leben, sind sie sehr gut integriert und es besteht kein Unterschied bezüglich der Verständigung oder sonstigen Dingen im Vergleich zu den deutschen Schülern.

Zu Beginn des Schuljahres sind 6 WiederholerInnen in die Klasse gekommen. Die Klassengemeinschaft ist nicht allzu gut, was durchaus auf die vielen Wiederholer zurückzuführen ist, da sich um die Wiederholer einzelne kleine Gruppen bilden.

Der Schüler B. war letztes Schuljahr mehr oder weniger der „Anführer" der Klasse. Da jedoch einige Jungs (z.B. M.) in die Klasse gekommen sind, die körperlich schon sehr viel weiter entwickelt sind wie B. und er nun nicht mehr der „Anführer" ist, versucht B. zur Zeit sich in den Mittelpunkt zu drängen und stört dabei besonders häufig den Unterricht. Er arbeitet nicht mit und gibt der Lehrkraft freche antworten. Ermahnungen und Strafarbeiten zeigen bei ihm keine Wirkung. B. stachelt zusammen mit Ba. einige andere SuS zum Quatsch machen an. M. lässt sich besonders leicht von den beiden beeinflussen, arbeitet jedoch durch Ermahnen wieder gut mit. In der Klasse gibt es drei besonders Leistungsstarke SchülerInnen: I., J., und C., wobei keiner der drei ein Wiederholer bzw. eine Wiederholerin ist. C. ist eine sehr ruhige Schülerin und beteiligt sich am Unterrichtsgeschehen nur nach Aufforderung. Die beiden anderen arbeiten sehr gut mit und melden sich häufig und trauen sich auch mal etwas vor der ganzen Klasse etwas zu erklären.

S. arbeitet sehr langsam und muss ab und zu zum schnelleren Arbeiten aufgefordert werden, da er sonst dem Unterricht nicht mehr folgen kann.

Die übrigen Schüler der Klasse sind ansonsten im Unterricht aufgeschlossen, arbeiten gut mit und verhalten sich bis auf einige wenige kleinere Zwischenfälle, die es in jeder Klasse in jeder Stunde immer wieder gibt, ordentlich.

Das große Klassenzimmer verfügt über eine aufklappbare, magnetische Tafel und einen PC mit Beamer.

# 2. Sachanalyse

Die binomischen Formeln sind in der elementaren Algebra verbreitete Formeln zum Umformen von Produkten aus Binomen. Sie werden als Merkformeln verwendet, die zum einen das Ausmultiplizieren von Klammerausdrücken erleichtern, zum anderen erlauben sie die Faktorisierung von Termen, also die Umformung von bestimmten Summen und Differenzen in Produkte, was bei der Vereinfachung von Bruchtermen, beim Radizieren von Wurzeltermen sowie Logarithmenausdrücke sehr oft die einzige Lösungsstrategie darstellt.

Als binomische Formeln werden üblicherweise die folgenden drei Umformungen bezeichnet:

$(a+b)^2 = a^2 + 2ab + b^2$ erste binomische Formel

$(a-b)^2 = a^2 - 2ab + b^2$ zweite binomische Formel

$(a+b)(a-b) = a^2 - b^2$ dritte binomische Formel

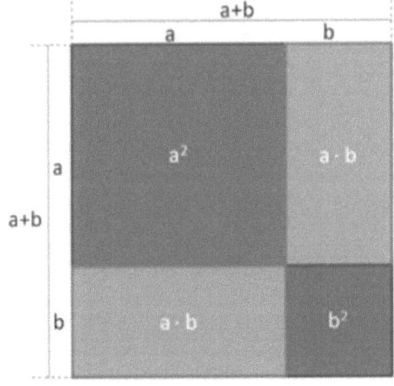

## Grafische Herleitung der ersten binomischen Formel

Die obige Grafik zeigt ein Quadrat, dessen Kantenlänge $a + b$ beträgt. Seine Fläche lässt sich daher mit $(a + b)^2$ berechnen. Dieses Quadrat setzt sich wiederum aus verschiedenen kleineren Flächen zusammen. Die grüne umrandete Fläche entspricht mit $a^2$ dem ersten Summanden der binomischen Formel, die blaue mit $b^2$ dem letzten Summanden. Die beiden orangenen Rechtecke, deren Fläche jeweils $a * b$ beträgt, entsprechen zusammen dem mittleren Summanden $2ab$. Anhand der Grafik lässt sich sofort erkennen, dass die Fläche des großen Quadrates $(a + b)^2$ der gemeinsamen Fläche der beiden kleinen Quadrate und der beiden Rechtecke ($a^2$ + $2ab + b^2$) entspricht.

Formale Herleitung der ersten binomischen Formel

$$(a + b)^2 = (a + b)(a + b)$$
$$= a(a + b) + b(a + b)$$
$$= aa + ab + ba + bb$$
$$= a^2 + ab + ab + b^2$$
$$= a^2 + 2ab + b^2$$

# 3. Einordnung der Unterrichtseinheit in die Lernsequenz

Zu Beginn des Schuljahres beschäftigten sich die Schüler mit dem im Lehrplan bezeichneten Thema: M 8.1 Terme. In der 7. Klasse wurden einfache Termumformungen und Gleichungen eingeführt, die in der 8. Klasse jetzt vertieft werden sollen. Zunächst werden Terme addiert / multipliziert, Klammern aufgelöst, Terme ausmultipliziert und ausgeklammert. Nachdem Summenterme miteinander multipliziert wurden, wurde das Thema zunächst beendet, um den Themenkomplex Ortslinien und Ortsbereiche noch vor der Schulaufgabe zu behandeln, damit diese sowohl einen geometrischen, als auch algebraischen Teil beinhaltet.

Nach der Schulaufgabe wurde in einer Stunde das Ausmultiplizieren von Summen wiederholt, um danach die binomischen Formeln herzuleiten. Anschließend werden Extremwerte quadratischer Terme und deren Bestimmung mit Hilfe der quadratischen Ergänzung behandelt.

# 4. Lernziele

Grobziel: Die SuS sollen die erste binomische Formel kennen und anwenden
können.

Teilziele: Die SuS sollen …

… erkennen, dass man für (a+b) · (a+b) auch (a+b)² schreiben kann.

… eine „Regel" zur Lösung solcher Aufgaben entwickeln.

… Ideen für einen Beweis der ersten binomischen Formel entwickeln.

… die binomische Formel auch auf Symbole, sowie komplexere
Aufgaben anwenden können.

… die binomische Formel als Arbeitserleichterung ansehen.

# 5. Didaktische Analyse

Da der Einstieg nicht über ein außermathematisches Problem erfolgt, sehe ich in der Motivationsphase Schwierigkeiten. Meine Wahl ist auf einen Mann namens Herr Binom gefallen, der sich wegen seinem Chef nun mit denselben Aufgaben beschäftigen soll, wie die SuS zur Zeit. Außerdem habe ich ihn Herr Binom genannt, da ich mit den SuS im Verlauf der Stunde das Stundenthema erarbeiten möchte. Auf das Wort „binom" kommt in dem Zusammenhang kein Schüler von alleine, mit Ausnahme der Wiederholer. Durch das Helfersystem sollen die Gruppen zum Ausmultiplizieren der Quadratsummen motiviert werden.

Hierbei möchte ich nach dem Prinzip der Redundanz vorgehen. Die SuS haben in den vergangen Stunden schon Summen ausmultipliziert. Das eigentlich „Neue" in der heutigen Stunde ist, dass die Summen nun immer gleich sind und damit auch als Quadratsumme geschrieben werden können. Somit kann gut eine Einbindung des neuen Wissens in bereits vorhandenes Wissen erfolgen.

Die Bearbeitung des Arbeitsauftrages dürfte keine größeren Probleme bereiten, da sich die SuS sich zu Schuljahresbeginn und in den letzten beiden Stunden mit der Multiplikation von Summen beschäftigt haben und sicher im Umgang mit diesem Verfahren sind. Durch die Aufgliederung am Arbeitsblatt sollten die SuS ebenfalls von alleine auf die Termumformung $(x+y)^2 = (x+y) \cdot (x+y)$ kommen.

Etwas anspruchsvoller für die SuS ist das Finden einer Regelmäßigkeit bei den ausmultiplizierten Termen. Um eine Idee für eine mögliche Regel zu finden, ist es wichtig, dass zunächst die Ergebnisse stimmen. Nachdem die SuS oft noch Fehler beim Ausmultiplizieren machen, sollen die SuS sich einen Lösungszettel am Pult holen, um ihre Ergebnisse zu vergleichen, nachdem sie die vier Quadratsummen ausmultipliziert haben. Auf dem Lösungszettel sind jeweils die Quadratsummen und die Ergebnisse nach dem Ausmultiplizieren fett gedruckt und zusätzlich die Ergebnisse farbig markiert. Die verschiedenen Bestandteile der binomischen Formel sind bei jedem Term in der gleichen Farbe markiert, um den SuS eine Hilfestellung für das Finden der Regelmäßigkeit zu geben. Anschließend werden die Ideen für die Regel an der Seitentafel festgehalten. Im Lehrer-Schüler-Gespräch wird aus den ganzen Ideen für eine mögliche Regelmäßigkeit nun eine Regel in Worte formuliert.

Die Geschichte von Herrn Binom geht nun weiter: Herr Binom geht mit der Regel der SuS zu seinem Chef und stellt sie vor. Dieser meint, dass er sich darunter noch nicht so viel vorstellen kann, und ob man diese Regel nicht irgendwie graphisch darstellen könnte. Dadurch sollen die SuS für den nächsten Schritt motiviert werden und erkennen, dass eine weitere Gruppenarbeit nötig ist.

Die SuS bekommen nun den nächsten Arbeitsauftrag, den sie in derselben Gruppe wie vorhin lösen sollen. Durch die konkrete und bereits in vorangehenden Jahrgangsstufen oftmals gestellte Aufgabenstellung: „Ein Quadrat mit der Seitenlänge a wurde um b verlängert. Zeichnet das neue Quadrat und beschriftet die Kanten.", sollen die Schüler selbstständig die graphische Darstellung der ersten binomischen Formel zeichnen. Zunächst werden sie nicht erkennen, dass sie die Aufgabe schon gelöst haben, die der Chef von Herrn Binom gestellt hat. Durch den zweiten Arbeitsauftrag sollen sie dort hingeführt werden. $(a+b)^2$ haben sie schon während der ersten Gruppenarbeit ausmultipliziert, weshalb es den SuS dann gelingen wird, die Zeichnung in Zusammenhang mit dem Term $(a+b)^2$ zu bringen. Dabei ist mir zunächst wichtig, dass jede Gruppe erkennt, dass der Flächeninhalt des gezeichneten Quadrats durch $(a+b)^2$ beschrieben werden kann.

Zunächst habe ich mir überlegt, ob ich die Erarbeitung der binomischen Formel nach dem EIS-Prinzip von Bruner mache. Ich denke, dass die SuS in diesem Fall die Thematik auch ohne die enaktive Phase verstehen können und habe mich deshalb nur für die symbolische und ikonische Phase entschieden. Die Zeit, die ich mir durchs Auslassen der enaktiven Phase spare, möchte ich lieber für Übungsaufgaben nutzen. Den Wechsel zwischen den beiden anderen Repräsentationsebenen halte ich jedoch in diesem Fall für sehr wichtig. Die SuS haben des Öfteren Schwierigkeiten sich die binomische Formel zu merken. Warum die Formel 2ab enthält ist vor allem für viele nicht einsichtig. Dem Problem möchte ich mit der graphischen Darstellung entgegenwirken.

Das Quadrat, dass die SuS während der Gruppenarbeit gezeichnet haben, zeichne ich anschließend gemeinsam mit ihnen an der Tafel und zeichne zusätzlich die Hilfslinien ein, sodass die verschiedenen Bestandteile der binomischen Formel erkennbar sind und markiere die jeweils gleich großen Flächen in einer Farbe. Da die Fläche ab zweimal in dem Quadrat vorkommt, gibt es zwei Flächen mit derselben Farbe. Ich hoffe, dass sich so die SuS, wie ich es oben schon beschrieben habe, die

Formel besser merken können. Neben das Quadrat schreibe ich nun die binomische Formel auf $(a+b)^2 = a^2 + 2ab + b^2$ und markiere die einzelnen Bestandteile der Summe in denselben Farben, wie die Flächen im Quadrat.

Die Überschrift, bzw. das Thema der Stunde möchte ich nun mit den SuS gemeinsam erarbeiten. Da in der Mathematik öfter Ausdrücke oder Formeln nach ihren Erfindern benannt werden, kommen die SuS wegen dem Einführungsbeispiel auf die Idee, dass ein Herr Binom die Formel erfunden haben könnte, weshalb die Regel dann Binomische Regel bzw. Binomische Formel heißen könnte. In diesem Zusammenhang werde ich den SuS aber auch erklären, dass es keinen Herrn Binom gab, der diese Formel entdeckt hat, sondern der Name der Formel aus dem Lateinischen (*bi* (zwei) und *Nomen* (Namen)) kommt.

Abschließend sollen die SuS die restlichen Quadratsummen aus dem Einstiegsbeispiel in Einzelarbeit ausmultiplizieren. Dabei sollen sie die Anwendung der binomischen Formel einüben. Die Lösungen werden zum Schluss an der Tafel besprochen. Dabei möchte ich die einzelnen Bestandteile der Summen nochmals in denselben Farben markieren, wie zuvor beim Hefteintrag.

Als Hausaufgabe bekommen sie zunächst vom nur Nummer 1 und 2 vom Arbeitsblatt auf, da es wichtig ist, dass sie die binomische Formel sicher anwenden können, bevor sie die schwierigeren Aufgaben 3 und 4 bearbeiten.

# 6. Methodische Analyse

Als Einstieg bekommen die Schülerinnen und Schüler die Geschichte von Herrn Binom erzählt, der sich über seinen Chef beschwert. Gleichzeitig wird eine Folie auf den Overheadprojektor aufgelegt, auf der Herr Binom und die Aufgaben zu sehen sind. Die SuS sollen so gleich auf das Thema der kommenden Stunde eingestimmt werden. Die Klasse 8b soll ihm helfen, seine Aufgaben in möglichst kurzer Zeit zu erledigen, weil er noch sehr viele andere Dinge zu tun hat.

Anschließend wird die Klasse in acht Dreier-/Vierergruppen aufgeteilt. Die Erarbeitung einer möglichen Regel erfolgt in Gruppenarbeit, da ich mir dadurch erhoffe, dass die SuS mehr Ideen haben bzw. durch eine Diskussion auf eine mögliche Regel kommen. Die Ergebnisse der ersten Gruppenarbeit halten die SuS zunächst auf ihrem Papier mit den Arbeitsaufträgen fest.

Im Anschluss werden die Ergebnisse an der Tafel gesammelt, damit zunächst eine Vermutung für eine Regel für alle SuS visualisiert ist.

Die zweite Erarbeitungsphase findet wieder in Gruppenarbeit statt. Die SuS sitzen noch in ihren Gruppen, weshalb da dann keine Zeit mehr für die Aufteilung in Gruppen verloren geht. Die SuS sollen zunächst nach Anweisung die graphische Darstellung der ersten binomischen Formel gemeinsam erarbeiten und auf ihrem Papier mit dem Arbeitsauftrag festhalten. Anschließend soll die Zeichnung mit $(a+b)^2$ in Verbindung gebracht werden. Dabei ist es meiner Meinung ebenfalls wieder von Vorteil, wenn mehrere Schüler miteinander diskutieren können.

Während die SuS die graphische Darstellung erarbeiten klebe ich ein Quadrat mit der Seitenlänge a auf die Mitteltafel. Anschließend wird gemeinsam mit Hilfe den Ergebnissen aus den Gruppen das neue Quadrat gezeichnet. Die kleinen Quadrate werden in unterschiedlichen Farben markiert. Neben die Zeichnung wird $(a+b)^2 = a^2 + 2ab + b^2$ in den gleichen Farben festgehalten.

Nachdem die SuS den Tafelanschrieb ins Heft übertragen haben, lege ich noch einmal die Einstiegsfolie auf den Overheadprojektor auf. Die Quadratsummen, die noch nicht in der Gruppenarbeit bearbeitet wurden, sollen ins Heft übertragen werden und in Stillarbeit mit Hilfe der binomischen Formel ausmultipliziert werden. Die Hausaufgabe halte ich zum Schluss an der Tafel fest.

# 7. Geplanter Stundenverlauf

| Unterrichtsphase (min) | Sozialform | Lehrer-Schüler-Aktivitäten, Handlungsverlauf | Medien, Materialien |
|---|---|---|---|
| Einführung (2 min) | L-S-Gespräch | - Begrüßung <br> - Folie und Geschichte von Herrn Binom | OHP <br> Folie |
| Erarbeitung (5 min) | Gruppenarbeit | - SuS lösen in Kleingruppen die Aufgaben von Herrn Binom und stellen Vermutungen für eine „Regel" auf | Briefumschläge mit Aufgaben |
| Sicherung I (5 min) | L-S-Gespräch | - SuS präsentieren ihre Ergebnisse und Vermutungen <br> - Vermutungen werden an Seitentafel festgehalten | Seitentafel |
| Erarbeitung II (5 min) | Gruppenarbeit | - Geschichte von Herrn Binom geht weiter: Chef fordert graphische Darstellung, weil er es sich nicht vorstellen kann; <br> - Mit Hilfestellung sollen SuS auf Darstellung der ersten binomischen Formel mit Hilfe von Quadraten kommen | Briefumschläge mit Arbeitsaufträge |
| Sicherung II (15 min) | L-S-Gespräch | - SuS präsentieren ihre Ergebnisse <br> - Hefteintrag; SuS sollen auf Stundenthema kommen; | Tafel |
| Übung und Festigung (11 min) | Einzelarbeit | - Restlichen Aufgaben von Herrn Binom werden gelöst <br> - Lösungen werden besprochen | Tafel |
| Schluss (2 min) | L-S-Gespräch | - Vergabe der Hausaufgabe (AB Aufgaben 1 und 2) <br> - Verabschiedung | Tafel |

10

# 8. Reflexion

Im Großen und Ganzen bin ich mit dem Verlauf der Stunde zufrieden. In der anschließenden Besprechung der Stunde mit der Lehrerin hat sich Vieles als methodisch gut herausgestellt. Ein paar Dinge würde ich im Nachhinein anders machen.

Die Einstiegsfolie mit Herrn Binom war gut, da sich die SuS auf das Thema einstellen konnten und schon bereits Bekanntes wieder erkannt haben. Es wurde in der Nachbesprechung angemerkt, dass ich die Bläschen mit den Quadratsummen um Herrn Binom das nächste Mal etwas größer machen sollte, da man dann die Aufgaben besser erkennen könne.

Die anschließende erste Gruppenarbeit war gut dazu geeignet, dass die SuS selbstständig herausfinden, dass es Regelmäßigkeiten beim Ausmultiplizieren von Quadratsummen gibt. Sie hatten einige gute Ideen, hatten jedoch Schwierigkeiten eine Regel zu formulieren. Während des Lehrer-Schüler-Gesprächs konnte jedoch gemeinsam eine Regel in Worte gefasst werden.

Die zweite Gruppenarbeit lief ebenfalls gut. Fast alle Gruppen sind auf eine mögliche Darstellung gekommen und konnten eine Verbindung zu $(a+b)^2$ herstellen.

Da es jedoch während der zweiten Gruppenarbeitsphase zunehmend unruhiger wurde, würde ich das nächste Mal nur noch eine Gruppenarbeit machen. Bei der Erarbeitung einer möglichen Regel würde ich die Gruppenarbeit beibehalten, da einige gute Ideen während der Diskussion rauskamen. Bei der graphischen Veranschaulichung würde ich das nächste Mal eine Einzel- bzw. Partnerarbeit machen. Zunächst sollte jeder für sich selbst mit Hilfe des Arbeitsauftrages das Quadrat zeichnen und anschließend mit dem Banknachbarn überlegen, wie man das Quadrat mit $(a+b)^2$ in Verbindung bringen kann.

Die Erarbeitung des Hefteintrages an der Tafel verlief ebenfalls sehr gut. Die Lehrerin lobte, dass die SuS nicht nur die Formel im Heft stehen haben, sondern auch die graphische Veranschaulichung dazu.

Am Ende der Stunde bin ich dann von meinem ursprünglichen Plan, die SuS selbstständig die erste binomische Formel auf die restlichen Quadratsummen von der Einstiegsfolie anzuwenden, abgewichen. Der Grund dafür war, dass einige der

SuS Schwierigkeiten mit der Anwendung der ersten binomischen Formel hatten. Ich entschied mich deshalb dazu, die ersten Aufgaben mit der gesamten Klasse an der Tafel zu rechnen und nochmals zu erklären wieso es 2ab in der Formel gibt. Ich habe dabei gemerkt, dass ich das nächste Mal gleich gemeinsam Beispiele machen muss und dabei auch jedes Beispiel am Anfang farbig markieren sollte.

Aus Zeitgründen schloss ich danach die Stunde mit der Verkündigung der Hausaufgaben.

Meine anfängliche Befürchtung, dass die Geschichte mit Herrn Binom zu kindisch für eine 8. Klasse sei, wurde nicht bestätigt. Herr Binom kam öfter in der Stunde vor und immer als ich über ihn etwas erzählte war die Aufmerksam der Schüler bei mir, weshalb ich diese Geschichte jederzeit wieder verwenden würde.

Abschließend ist zu sagen, dass ich diese Stunde sehr anstrengend fand. Einige SuS waren sehr unruhig und mussten oft ermahnt werden bzw. arbeiteten während der Gruppenarbeit nicht gut mit, weshalb sie anschließend Schwierigkeiten hatten, die graphische Darstellung der ersten binomischen Formel zu verstehen. Die Lehrerin meinte jedoch abschließend, dass die Klasse in den letzten Wochen allgemein recht schwierig und unruhig ist.

# 9. Zusammenfassung

## a. Soziokulturelle Voraussetzungen

Schule: Realschule

Klasse: 8; 30 SchülerInnen; 18 Buben, 12 Mädchen

Migrationshintergrund: ca. 40 Prozent


## b. Sachanalyse

Die binomischen Formeln sind in der elementaren Algebra verbreitete Formeln zum Umformen von Produkten aus Binomen. Sie werden als Merkformeln verwendet, die zum einen das Ausmultiplizieren von Klammerausdrücken erleichtern, zum anderen erlauben sie die Faktorisierung von Termen, also die Umformung von bestimmten Summen und Differenzen in Produkte, was bei der Vereinfachung von Bruchtermen, beim Radizieren von Wurzeltermen sowie Logarithmenausdrücke sehr oft die einzige Lösungsstrategie darstellt.

Als binomische Formeln werden üblicherweise die folgenden drei Umformungen bezeichnet:

$(a+b)^2 = a^2 + 2ab + b^2$    erste binomische Formel

$(a-b)^2 = a^2 - 2ab + b^2$    zweite binomische Formel

$(a+b)(a-b) = a^2 - b^2$    dritte binomische Formel


## c. Einordung der Unterrichtseinheit in die Lernsequenz

- Vorhergehende Stunden:

  (Geometrische Orte: Kreislinie, Kreisfläche, Mittelsenkrechte, Parallelenpaar, Mittelparallele, Inkreis, Umkreis)

  Schulaufgabe

- Lehrplan M8.1 Terme

  Unter weitgehender geometrischer Veranschaulichung (z.B. Fläche, Umfang) vertiefen und festigen die Schüler die Fertigkeit, mit Termen zu rechnen, sie umzuformen und zu vereinfachen. Sie verschaffen sich so die Grundlagen, die in der Algebra immer wieder benötigt werden. Die Schüler erkennen, dass jeder Belegung der Variablen ein Termwert zugeordnet werden kann. Dadurch wird der Funktionsbegriff propädeutisch vorbereitet. Aufbauend auf dem vertrauten Termbegriff begründen die Schüler die Äquivalenz von Termen, wobei sie bereits bekannte Regeln und Gesetzte anwenden...

## d. Lernziele

Grobziel:     Die SuS sollen die erste binomische Formel kennen und anwenden können.

Teilziele:     Die SuS sollen ...

... erkennen, dass man für $(a+b) \bullet (a+b)$ auch $(a+b)^2$ schreiben kann.

... eine „Regel" zur Lösung solcher Aufgaben entwickeln.

... Ideen für einen Beweis der ersten binomischen Formel entwickeln.

... die binomische Formel auch auf Symbole, sowie komplexere Aufgaben anwenden können.

... die binomische Formel als Arbeitserleichterung ansehen.

## e. Geplanter Stundenverlauf

| Unterrichtsphase (min) | Sozialform | Lehrer-Schüler-Aktivitäten, Handlungsverlauf | Medien, Materialien |
|---|---|---|---|
| Einführung (2 min) | L-S-Gespräch | - Begrüßung<br>- Folie und Geschichte von Herrn Binom | OHP<br>Folie |
| Erarbeitung (5 min) | Gruppenarbeit | - SuS lösen in Kleingruppen die Aufgaben von Herrn Binom und stellen Vermutungen für eine „Regel" auf | Briefumschläge mit Aufgaben |
| Sicherung I (5 min) | L-S-Gespräch | -SuS präsentieren ihre Ergebnisse und Vermutungen<br>- Vermutungen werden an Seitentafel | Seitentafel |

| | | festgehalten | |
|---|---|---|---|
| Erarbeitung II (5 min) | Gruppenarbeit | - Geschichte von Herrn Binom geht weiter: Chef fordert Beweis;<br>- Mit Hilfestellung sollen SuS auf Beweis der ersten binomischen Formel mit Hilfe von Quadraten kommen | Briefumschläge mit Arbeitsaufträge |
| Sicherung II (15 min) | L-S-Gespräch | - SuS präsentieren ihre Ergebnisse<br>- Hefteintrag | Tafel |
| Übung und Festigung (11 min) | Einzelarbeit | - Arbeitsblatt soll jeder für sich lösen<br>- Lösungen werden besprochen | AB<br>OHP, Folie |
| Schluss (2 min) | L-S-Gespräch | - Vergabe der Hausaufgabe (AB fertig + einkleben); S. 34/ 4a-e, 5a-c<br>- Verabschiedung | Tafel |

# 10. Anhang

## a. Einstiegsbild

**Arbeitsaufträge I:**

1. Multipliziert aus:

   $(3 + a)(3 + a) =$

   $(u + 5)(u + 5) =$

   $(3a + 4b)^2 =$

   $(a + b)^2 =$

   Wenn ihr die Terme ausmultipliziert habt, holt euch am Pult einen Lösungszettel und vergleicht eure Ergebnisse.

2. Was fällt euch bei den Ergebnissen auf? Erkennt ihr Gemeinsamkeiten?

   Überlegt euch eine „Regel" für das Ausmultiplizieren von Quadratsummen:

   _____

   _____

   _____

   _____

Lösungszettel:

**(3 + a)(3 + a) =** $\qquad$ 9 + 3a + 3a + a² = $\qquad$ 9 + 6a + a²

**(u + 5)(u + 5) =** $\qquad$ u² + 5u + 5u + 25 = $\qquad$ u² + 10u + 25

**(3a + 4b)² =** (3a + 4b)(3a + 4b) = $\qquad$ 9a² + 12ab + 12ab + 16b² = 9a² + 24ab + 16b²

**(a + b)² =** (a + b)(a + b) = $\qquad$ a² + ab + ab + b² = $\qquad$ a² + 2ab + b²

**Arbeitsaufträge II:**

1. Ein Quadrat mit der Seitenlänge a wurde um b verlängert.

   Zeichnet das neue Quadrat und beschriftet die Kanten.

2. Welchen Zusammenhang könnt ihr zwischen eurer Zeichnung und dem Term $(a + b)^2$ sehen?

   _____

   _____

   _____

   _____

## c. Übungen

**Übungen zur ersten binomischen Formel**

1. Wende die erste binomische Formel an:

a) $(e + 6)^2 =$                       b) $(a + x)^2 =$

c) $(0{,}2a + 0{,}1m)^2 =$          d) $(2c + 3a)^2 =$

2. Forme in ein Produkt um:

a) $x^2 + 8x + 16 =$               b) $4 + 24x + 36x^2 =$

c) $c^2 + c + 0{,}25 =$             d) $36a^2 + 36ab + 9b^2 =$

3. Berechne mit Hilfe der ersten binomischen Formel:

a) $104^2 =$

b) $1012^2 =$

c) $22^2 =$

d) $113^2 =$

4. Ergänze die Lücken:

a) $(\_\_\_ + \_\_\_)^2 = m^2 + 2mn + n^2$        b) $(\_\_\_ + \_\_\_)^2 = s^2 + 2st + t^2$

c) $(\_\_\_ + \_\_\_)^2 = 25 + 10x + x^2$       d) $(\_\_\_ + \_\_\_)^2 = 25m^2 + 40mn + 16n^2$

e) $(\_\_\_ + \_\_\_)^2 = a^2 + \_\_\_\_ + 16b^2$     f) $(\_\_\_ + \_\_\_)^2 = 64u^2 + \_\_\_\_ + v^2$

g) $(\_\_\_ + \_\_\_)^2 = 4a^2 + \_\_\_\_ + 9b^2$     h) $(\_\_\_ + \_\_\_)^2 = c^2 + \_\_\_\_ + d^2$

i) $(\_\_\_ + 169)^2 = 4a^2 + \_\_\_\_ + \_\_\_\_$     j) $(\_\_\_ + \_\_\_)^2 = m^2 + 2mx + \_\_\_\_$